るうとめもりー

ROOT MEMORY

まずはじめに。

『るぅとめもりー』を受けとってくれてありがとう！

ここは記念すべき1ページ目！

『るぅとめもりー』の入口なのです。

何を書こうか、るぅとくんとっても緊張しております。

やばいです。

すごくそわそわしています。

ふぅ……。

深呼吸をしたら少し落ち着いてきました。

この『るぅとめもりー』には、いつも好きを届けてくれる君に、

ボクから伝えたい気持ちをぜんぶ詰め込みました。

普段はなかなか伝えられない、

ちょっぴり照れくさくて、でも君に知ってほしい、

ボクの「想い」を、「好き」を、「ありがとう」を

たっくさん受けとってくれたらうれしいです！

2021年10月25日　るぅと

イラスト／フカヒレ

るぅとめもりー

CONTENTS

CHAPTER 01
PROFILE

CHAPTER 01

PROFILE

髪色は
黄色！
黄色い瞳は
ちょっぴり
赤みがかって
いるんだ
サラサラ
ヘアーだよ
すとぷり
めんばーでは
最年少
腹黒（？）
キャラ!?
すとぷり
あにまるは
ハムスター
作曲・作詞など
アーティストと
しても大活躍!!

るぅとくんについて知りたいことが
いっぱいあるよね！
4Step質問コーナーで
いろんな情報をまとめちゃうよ♡
愛犬「みるくん」や
こだわりの機材などの
紹介ページも用意したよ！

ちっちゃい
バージョンも♪

これがるぅとくんの
サインだよ♡

るぅと PROFILE

誕生日	1998年10月25日
星座	さそり座
血液型	O型
身長	168.2cm
足のサイズ	26cm
活動開始日	2015年4月19日

6人組のエンタメユニット『すとぷり』のめんばーだよ

愛すべき相方！「るぅりーぬ」って呼ばれるよ♡
莉犬
かわいいけど腹黒（笑）
ころん
るぅと、莉犬、ころんで信号機組なんだ！
るぅと

Twitter

フォロワー65万人！

YouTube公式チャンネル

登録者数75万人！

るぅとくんのSNSをチェック!!

※2021年9月現在

CHAPTER 01

PROFILE

楽曲制作で
すとぷりを
支えてるよね♪
任せたら
やり遂げてくれる
スペック高い
仕事人！
甘えじょうずで
末っ子キャラ！
腹黒じゃなくて
いい子です……（笑）
ジェル
さとみ
ななもり。

Instagram

フォロワー
37万人！

TikTok

フォロワー
53万人！

LINE

友だち数
87万人！

※ログインする必要があります

るぅとくんのAnswer

るぅとくんってどんな人？ もっともっと知りたいよね。
最新のるぅとくん情報を、4Stepでどうぞ！

たくさん答えてもらったよ

STEP 01

YES、NOで教えて！

Q おしゃれな女の子は好き？

YES

Q 音痴な女の子は嫌い？

NO

Q 朝ご飯は食べる？

NO

Q かわいいは正義？

YES

Q 努力は好き？

YES

Q おやつは好き？

YES

Q サボるのは好き？

NO

Q 海は好き？

YES

Q いちごは好き？

YES

Q モノマネされるのは好き？

YES

Q 山は好き？

NO

Q 好きな色は黄色？

YES

CHAPTER 01

PROFILE

Q 日焼けは気にする？

YES

Q お肌のお手入れはしてる？

YES

Q もしデートをしたら手をつなぐ？

YES

Q 学生時代の成績はよかった？

NO(笑)

Q 20代は楽しい？

YES!

Q 歌うのは好き？

YES

Q 動物は好き？

YES

Q アウトドアは好き？

NO

Q キャンプに行ったことある？

……YES

Q 運転免許は持ってる？

NO

Q いたずらするのは好き？

YES

Q 眠れない日はある？

YES

Q ジムに通ってる？

NO

Q お散歩は好き？

YES

Q 勉強は好き？

NO

Q 踊るのは好き？

YES

ひと目で
わかりやすい
よね

STEP 02

数字で教えて！

Q お酒を飲むのは？

2回/月

Q 最長でなん時間くらい寝たことある？

10時間

Q 1日なん食？

2食

Q 家にイスはなん脚ある？

2脚

Q 歯医者に行ったのはどのくらい前？

2ヵ月前

Q 演奏できる楽器の数は？

4個

Q 牛丼はどのくらい食べる？

5回/年

Q エアコンの設定温度は？

26℃（暖房）
23〜24℃（冷房）

Q コンビニにはどのくらい行く？

3回/週

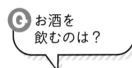

PROFILE

Q ペットにキスする回数は？

5回/日

Q 50m走のタイムは？

6秒

Q ペットを抱っこする回数は？

10回/日

Q 持ってるTシャツの数は？

20枚

Q ペットの数は？

1匹

Q 万歩計つけたらどれくらい歩く？

5000歩/日

だいたい家にいるんだけど……

Q 持ってるマンガの数は？

0冊

Q 足のサイズを教えて！

26cm

Q 学生のときはどれくらい勉強してた？

30分/日

Q 今日はアクセはなん個つけてる？

1個

Q 息はどれくらい止められる？

1分

Q もしデートをしたらなん回目で告白する？

4回目

Q 腹筋はなん回できる？

30回

Q スマホを触ってる時間は？

4時間/日

さらに
迫っちゃう
よ♪

STEP 03

ひとことでお願い！

Q 好きな香りは？

石鹸の香り

Q 部屋ではいつもどこにいる？

パソコンの前

Q 醤油とソースどっち派？

醤油

Q 無人島に持って行くとしたら何？

愛！

Q なんでそんなにかっこいいの？

テヘ(*´∇`*)

Q 座右の銘を教えて！

至恭至順

「このうえなく素直で従順なさま」だよ(笑)

Q いちばん好きな映画は？

『サマーウォーズ』

Q カラオケで絶対に歌う曲は？

『大好きになればいいんじゃない？』

Q 美肌の秘訣を教えて！

健康的な食生活

Q 毎朝、起きる時間は？

不定期……

Q 占いって信じる？

いいことは信じる！

Q 行ってみたい国は？

イタリア

Q コンビニでいつも買うものは？

お菓子……かな？

Q いちばん使っているスマホアプリは？

Twitter

Q 今日で世界が終わるなら何をする？

君に会いに行く♡

Q 30歳になったら何をしたい？

いまと変わらないことをしていたい

Q 将来住むならどこがいい？

日本

Q すとぷりになってなかったら何になってた？

ミキシング・エンジニア

Q すとぷりめんばーとして大切にしてることは？

王子さまでいること！

Q 好きなピザは何ピザ？

何ピザがあるんだろう？……チーズ系

Q おにぎりは何派？

タラコ

Q ラーメンは何ラーメン？

塩

Q 好きなおでんの具は？

タマゴ

Q 好きな鍋料理は？

スキヤキ

Q 今日のご機嫌は？

絶好調！

Q どうしてそんなにかわいいの？

なんなんですか（笑）

Q ペットといつも何してるの？

遊んでる

Q ついつい集めちゃうものは？

（音楽用の）機材

Q 苦手なものは？

勉強

理由も
聞いて
みたいな♡

STEP 04

じっくり教えて！

Q 自分を動物に例えるとしたら何？

ハムスター。やっぱりボクのすとぷりあにまるなんで……

Q 握手会やライブには、どんな洋服で行ったらうれしい？

ボクがシンプルな洋服が好きなので、シンプルなコーディネートだとうれしいな

Q ヘアメイクで気をつけてることはある？

シルエットかな？グラビアページでもたくさん見られるからチェックしてね！

Q 10代のころ、もっとしておけばよかったと思うことはある？

青春！映画のような恋愛とかしてみたかったなぁ……

Q ナイトルーティンを教えて！

Twitterをずっと見てエゴサしてるよ。エゴサしすぎて眠れなくなっちゃうこともあるんだけど、みんなの声を知りたいからやっぱり見ちゃう

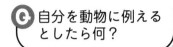

Q 最近の失敗談は？

生放送をする直前にパソコンがネットにつながらなくなっちゃって、スマホで放送したんだ。失敗っていうよりも、ピンチだった！

Q 悩みやコンプレックスはどうやって克服するの？

生放送中などに、応援してくれる子たちがいろんな面を褒めてくれるから、それを見てコンプレックスが少しずつ克服されていってます♡

Q これだけは譲れないものってある？

君に対しての「好き」の気持ち！

Q いまの立場にプレッシャーを感じることはある？

普段は特にないんだけど、何か新しい挑戦をするときなんかは、その準備段階で感じることがあるよ

Q 最後に、未来の夢を教えてください！

普通の世の中になって、普通に会えて、普通に目を見て「好き」と「ありがとう」を届けられたらなって思う!!

Root in School

キラキラ光る雨の中

誰もいない休日の静かな学校に

そっと忍び込んだんだ♪

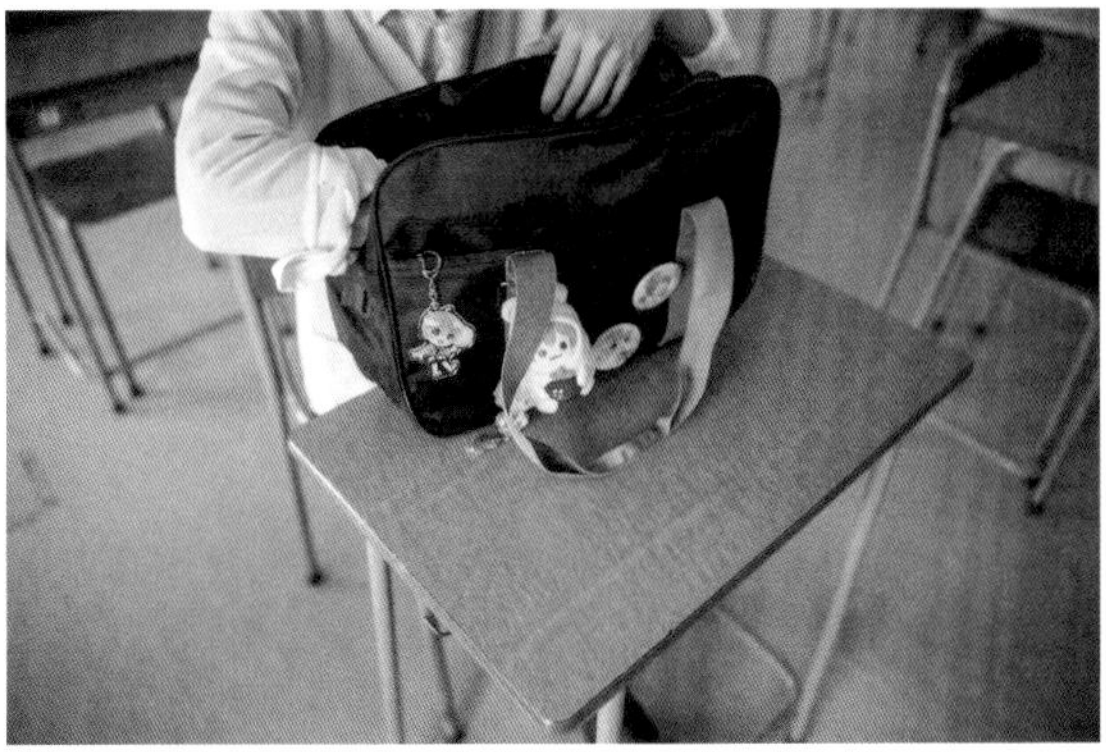

みんなの笑い声が
聞こえてきそう

屋上に来たら雨がやんでいたよ!!

長い授業は
ちょっぴり苦手(笑)

音楽室のピアノを拝借♪

ボクの相棒と一緒に

君もいたんだ！
一緒に帰る？

撮影：立松尚積
ヘアメイク：JOE

新しい FAMILY

昨年の7月に、るぅとくんの家族に加わった愛犬のみるくん。運命的な出会いだったんだよ！ かわいい写真を紹介するね♡

みるくん♡

赤ちゃんのころ……

見つめられちゃった♪

遊んで遊んで！

プロフィール

種類	トイプードル（♂）
年齢	2歳

性格

ビビリ（笑）
音とかに敏感ですっごく臆病なんだ

何度ペットショップに行っても、みるくんがいて……
これはきっと「運命なんだ」と思って、我が家に迎え入れたんだ。

COMMITMENT

音楽制作を手がけていることもあり、るぅとくんは「音」にとてもこだわっているそう。音響関係の機材をついつい集めちゃうしこだわっちゃうんだって！　その中でも特にこだわりのアイテムを教えてもらったよ♪

るぅとくんのこだわりアイテムを聞いたよ！

電源ケーブル!?!?!?

最近、普段みんなに届ける音源とか放送の音とかが少しでもよくなるように、電源ケーブルを買ったんだ！　なるべくノイズが減るように、そのケーブルに機材をつないで使ってる。

ただ、電源ケーブルがとてつもなく太くて扱いにくくて……困ってる（笑）。直径1cmくらいで長さが5mくらいあるから、部屋の中をヘビがはってるみたい ^^;

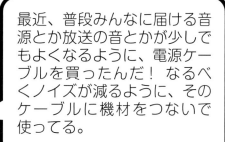

るぅとくんの
グッズが好き。

ROOT
GOODS COLLECTION

みらー & へあくりっぷ

もふもふるぅと

うちわ & くりあふぁいる

へああいてむ

かんばっじ

あくすた & ばんぐる &
まるちけーす

きーほるだー

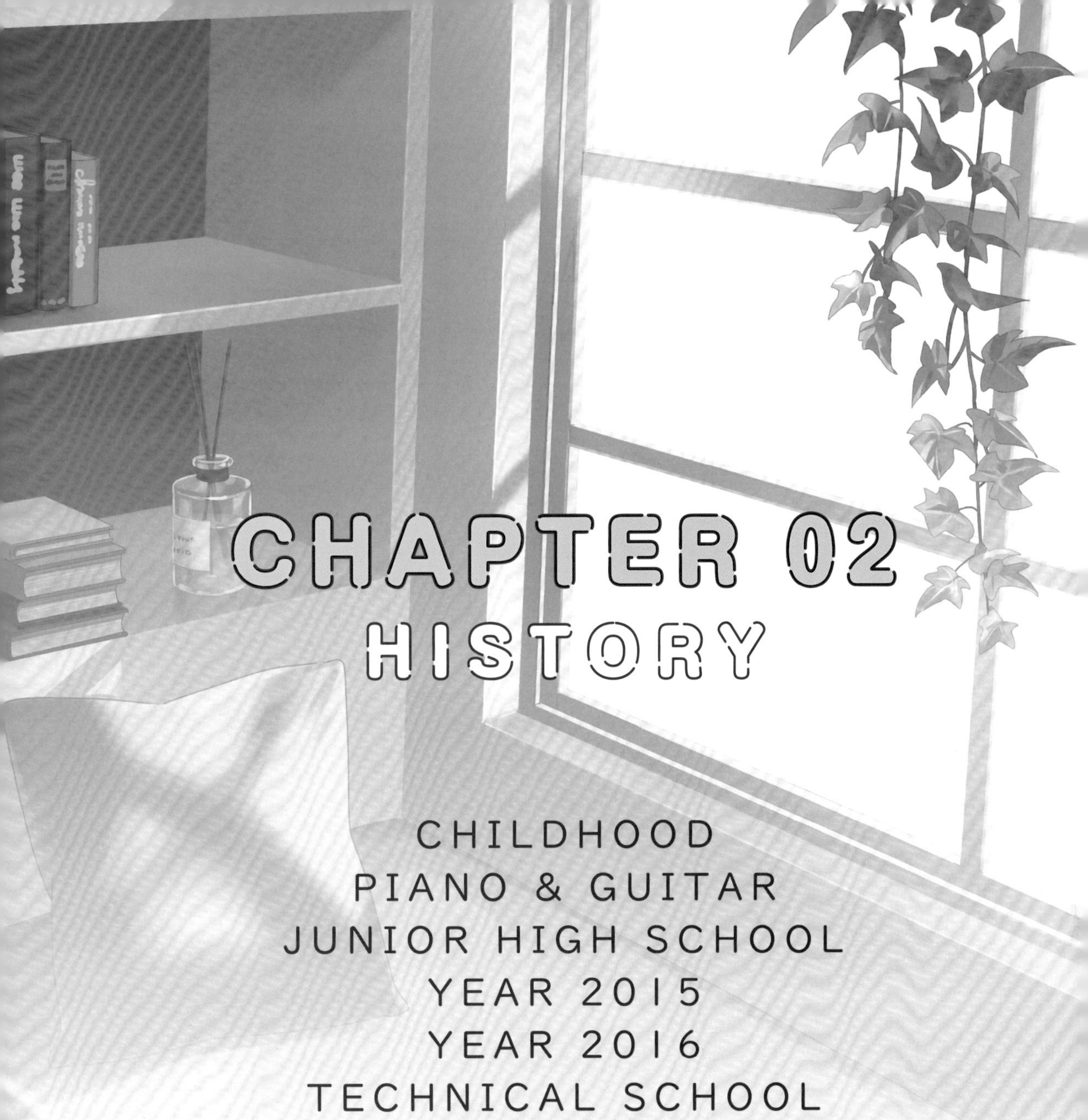

CHAPTER 02
HISTORY

CHILDHOOD
PIANO & GUITAR
JUNIOR HIGH SCHOOL
YEAR 2015
YEAR 2016
TECHNICAL SCHOOL
YEAR 2017
YEAR 2018
YEAR 2019
YEAR 2020
YEAR 2021
IN FUTURE

CHAPTER 02

HISTORY

ネットに「歌ってみた」を初投稿したときのこと、すとぷりとして活動をスタートしたときのこと、活動と専門学校の両立についてなど、るぅとくんのコメントとともに、その歴史を紹介していくよ！

1998年10月25日

誕生日

Childhood 子供時代

周りに合わせて自分が出せなかった子供だった

子供のころは、割と周りに合わせちゃうというか、自分を出せない感じだったんだ。「人からどう思われるんだろう?」みたいなのをけっこう気にしちゃって、自分の意思というより、周りの意思に合わせて自分の選択肢を決めていくみたいな……。だから、あんまりやりたいことができなかった。

物心ついたときからそうで、たぶん性格的なものなんだと思う。子供らしさがあんまりなかったのかも。高校に入るくらいまでは本当に周りに合わせてばっかりで……。自分から「やってみたい」って周りに言うことがあんまりなかったし、親に言われてやり始めてみたりってことが多かった。自分ひとりでできることはやってたけど、誰かに力を借りることはずっとできなかったな。

Piano & Guitar

ピアノとギター

ピアノはいつの間にか
ギターは高校から

幼稚園くらいのときからピアノを習い始めたんだ。もともとは姉が習っていて、それでいつの間にかボクも一緒に習いに行ってた。だから、気づいたときにはピアノが弾けていたんだ。

ギターは中学生のころに始めたいなと思って、ちょうど父がアコースティックギターを持ってることを知ってたから借りてみたんだ。でも弦を押さえるのが難しすぎて、そのときはやめてしまった。それが、高校1年生のときに軽音楽部に入って、そこでまたギターに触る機会があって、「あれ、そんなに難しくないぞ」って思って始めたんだ。

HISTORY

Junior high school

中学時代

「歌ってみた」はミックスへの興味から

中学２年生ぐらいのときに「歌ってみた」っていうのを知って、ボーカロイドとかの曲を聴くようになったんだ。自分と同い年ぐらいとか、年齢が近い人も「歌ってみた」をやってるんだってことを知って、そこから興味を持つようになったよ。そこで「ボクもやってみたいな」とは思ったんだけど、難しそうだし、いろいろ機材も必要だし、それこそ誰かの力を借りないとできないのかもしれない、って思って「やってみよう」とまではならなかったんだ。

そのころはどちらかと言えば、どういうふうに音楽が作られていくんだろう？とか、ミックスに興味があって……。「歌ってみた」もミックスは必要で、それでちょっといろいろ調べ始めて勉強しつつ、やってみたいなって思ってた。まだ中学３年生だったから、無料のソフトを使ってなんとか頑張って勉強していたよ。パソコンは家にあったんだけど、ちゃんとしたミックス用のソフトはまだまだ買えなくて……細々とやってた（笑）。

ミックスって何？

ミックスは、ボーカル、コーラスといった歌、ギター、ベース、ドラムといった楽器など、いろんな音を組み合わせるときに、ひとつひとつの音のバランスなどを調整して1曲に仕上げていく作業のこと。だから、レコーディングスタジオにはミックス用の機材が揃《そろ》っているんだ！パソコン上では『DAW』（Digital Audio Workstation）と呼ばれる専用のソフトで行っているよ。

レコーディングスタジオ

ボクがほしい機材やソフトは中学3年生のころから決まってたから、高校生になったときにはすぐにバイトを始めて、マイクとソフトを買ったんだ。で、ちょっと歌ってみて録音してミックスの練習をして……みたいなことを1年くらいやってた。軽音楽部に入ったことも重なって、ここから「音楽」の道がスタートしたんだよ。

HISTORY

ちょっとうまくできたから「歌ってみた」をネットに投稿

2015年4月19日
活動開始

2015年4月19日
動画
「歌ってみた」初投稿
『セイデンキニンゲン』

Year 2015

2015年

初めて投稿したのが、かいりきベアさんの『セイデンキニンゲン』っていう曲の「歌ってみた」。それまでもいくつか「歌ってみた」はやってたんだけど、この曲は自分ながらにミックスなんかも含めて勉強したものがちょっとうまくできたかなって思って、誰かに聴いてもらいたいなって思って投稿したんだ。

ただ、このころはたくさんの人に聴いてもらえるなんてまったく思ってなくて、ほんとにふと「自分の中でできる範囲でちょっと投稿してみよう」って思えた瞬間だったんだ。なかなかそういうことはないから、自分の意思で投稿しようと思ったのは初めてだったんじゃないかな？ そこからボクの「活動」がスタートしたんだ♪

もちろんいまと比べたらすごく少ない人数なんだけど、「よかったです！」っていうコメントをいただけて……。すごくうれしくて、これからもちょっと投稿してみようかなっていう気持ちで「歌ってみた」を続けていったんだ。最初のうちは試行錯誤しながらだったなぁ……。でもそのほうが知識もつくし、いろんな勉強にもなるし、楽しかった。人に自分を見せてよろこんでもらえるみたいな感覚がそれまでいっさいなかったから、それもすごくうれしかったんだ。

グッバイ宣言／るぅと【歌ってみた】

いまでもるぅとくんはたくさんの「歌ってみた」動画を投稿してくれているよね！

HISTORY

2016年 6月4日

すとぷり

すとぷり活動スタート

Year 2016

2016年

曲を作ってみたいっていう気持ちが生まれてきたんだ

活動を始めて1年くらいしたころ、なーくんと初めて話す機会があったんだけど、『すとぷり』っていうグループとしての活動をやってみたいていう話をしてくれて、「すごいな」って思って「やりたいです！」って言ったんだ。そこからすとぷりとしての活動がスタートしたよ。

すとぷりでの活動開始後くらいから、「歌ってみた」にこんなにたくさんの「いいです」とか「心動かされました」っていう声をもらえるなら、自分のメロディーで、自分の歌詞で、みんなの心を動かしたいなっていう気持ちが出てきて、曲を作ってみたいって思うようになったよ。このころから少しずつ、自分の意思とか自分がやりたいこととかを表に出せるようになってきたのかなって思うんだ。

ただやっぱり、未完成なところを見せると、それで否定されちゃうんじゃないかな？とか、それで「へたくそ」って言われちゃうんじゃないかな？とか考えてしまって、自分がうまくいっていない状態で誰かに見せるのは怖いんだ。だからいまだに、準備する時間が長くなっちゃうことが多い。ホントはどんどん出したいんだけど、怖くなっちゃって出せないんだ。

2016年
6月19日

動画

YouTubeチャンネル
スタート

るぅとちゃんねる

もともと自分の声はあんまり好きじゃなかった

すとぷりの活動を始めたばっかりのころ、放送で30分しゃべったらすごい疲れてノドが痛くなってくるっていう感じだったんだけど、活動する中でちょっとずつしゃべれるようになってきたんだ。あと、もともと自分の声はあんまり好きじゃなかったんだよ。小さいころからコンプレックスで、人から悪く言われたりすることもあったんだけど、活動する中で「いい声だね」って言ってもらえることが増えて、そこそこ嫌いではなくなってきた(笑)。自分を出していくことも悪くないんだって思えたんだ。

2016年
8月14日

すとぷり　ライブ

『すとろべりーめもりー vol.1』開催
(東京：KINGSX TOKYO)

HISTORY

Technical school

専門学校時代

すとぷりの活動をしながら音楽を学ぼうと決めた

高校３年生の最初のころ曲を作ろうと思って、いろいろ調べたりしてやってみたんだけど、すごく難しくて「これは無理だな」って１回挫折したんだ。でも、活動していく中で、やっぱり作ってみたいっていう気持ちになって、「専門学校に行こう！」っていう決意をした。まぁ高校３年生の段階でも、ちょっとギターを弾きながらメロディーを考えてみたりもしていたんだけど、いまとは比べものにならないぐらいレベルの低いものだったよ（笑）。

ただ、専門学校に行くって決めるのには強い意志が必要だった。すとぷりの活動も同時に続けていかなくちゃいけないし……。音楽の専門学校に行きたいって周りに言うのも大変で……。音楽の道に進むのって、安定してないから親にも言いにくいし、高校の先生からも「やめといたほうがいいんじゃないか」って言われたんだ。それでも「ボクは行きます！」って押し通したんだけど、活動していく中で、そのとき応援してくれていた人がいたから、そう言えたんだと本当に思う。

音楽の専門学校とは言っても、意味ないなって思う授業はあったんだけど、とても意味がある授業もあって、いまも知識というか引き出しのひとつとしてすごく残ってる。

あとは、出会い！ 作曲をするうえでいろんな人と知り合えて、曲作りの中でお互いを高め合えていけたのが大きかったなって思うんだ。

Year 2017

2017年

2017年 3月11日

すとぷり　ライブ

『すとろべりーめもりー vol.2』開催
(東京：吉祥寺CLUB SEATA)

2017年 6月21日

MV

『私の気持ち』MV公開

※ころんくんへの愛を綴った曲

2017年 6月27日

MV

『1人で泣いていた僕に』MV公開

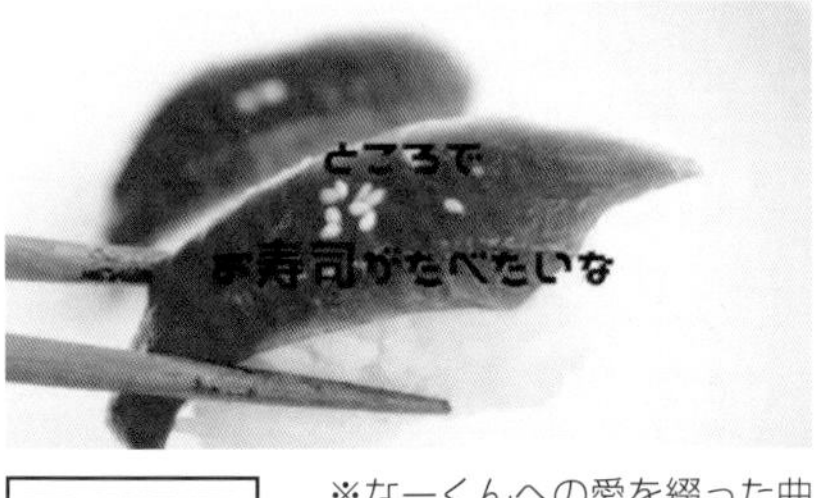

※なーくんへの愛を綴った曲

2017年 7月4日

MV

『むしがむり』MV公開

※莉犬くんが大好きな曲

2017年
7月29日

ライブ

初ワンマンライブ『はじめてのはっぴょうかい！』開催
(東京：渋谷チェルシーホテル)

ライブ終わりの記念撮影！
集まってくれたりすなーさんと

初のワンマンライブは緊張したけど楽しかった！

ひとりでのライブはめちゃくちゃ緊張してガチガチになっちゃった(笑)。

すとぷりでのライブとはちょっと違って、目の前にいる人が全員自分のことを見に来て、応援しに来てくれたんだって思ったらめちゃくちゃうれしかったし、緊張したけどすごく楽しかった！っていう記憶があるよ♡

ライブハウスのこともずっと覚えていて、地下に入っていくところで……少し古い感じでキャパシティーも150人から200人ぐらい。最近のアリーナとかと比べたらだいぶ小さいところだったけど、懐かしいなぁ。

2017年
8月26日

すとぷり　ライブ

『すとろべりーめもりー vol.3』開催
(東京：新宿ReNY)

HISTORY

2018年 1月4日

ライブ

ころん初のワンマンライブ『ころわん』
(東京：吉祥寺CLUB SEATA)
ゲスト出演

2018年 1月6日

公式Instagram開設

※ログインする必要があります

Year 2018

2018年

最初はTwitterでよくない？って思ってた(笑)

ボク、最初は「Instagramは必要ないだろう」って言ってたんだ。写真しかアップできないし、「Twitterでよくない？」みたいな(笑)。でも、なぜか始めちゃって……始めたらInstagramってオシャレだしなんかいいなっていう感じになったんだ。

吉祥寺CLUB SEATAでのライブ後の1枚。
会場にはたくさんのりすなーさん!!

2018年3月26日

ライブ

ワンマンライブ
『New Myself Memory』開催
(東京:吉祥寺CLUB SEATA)

すとぷりと同じライブ会場にひとりで挑んだよ!

2回目のワンマンライブ『New Myself Memory』は、会場が吉祥寺CLUB SEATAだったんだ。前回よりもキャパシティーが倍くらいになって、めちゃくちゃ緊張した! あとオープニングで機材がおかしくなっちゃって、なかなか始まらなくて、すごくあわててスタートしたんだ。ちょっとあわてた感じが出ちゃってたから、りすなーさんに気づかれてたかも(笑)。

吉祥寺CLUB SEATAは、このライブの前に、すとぷりで1回ライブをした会場だったんだよ。そこにあらためてひとりで立って、だからこそ「頑張ろう!」っていう気持ちで挑んだんだ。大成功で、ほんとにやってよかったなって思ったのを覚えてる。

HISTORY

2018年 4月5日

すとぷり ライブ

『すとろべりーめもりー vol.4』開催
(東京：TSUTAYA O-EAST)

2018年 4月30日

ライブ

莉犬ワンマンツアー『-「R」ealize-』
(愛知：Diamond Hall)
ゲスト出演

2018年 5月13日

ライブ

莉犬ワンマンツアー『-「R」ealize-』
(東京：新宿ReNY)ゲスト出演

2018年 5月27日

すとぷり ライブ

ころんワンマンライブ『ころわん生誕祭』
(東京：duo MUSIC EXCHANGE)
ゲスト出演

2018年 7月4日

公式Twitterフォロワー
10万人突破！

公式Twitter

2018年 7月30日

すとぷり ライブ

『すとろべりーめもりー vol.5
東名阪サマーツアー!!』開催
(東京：Zepp DiverCity(Tokyo))

2018年 8月6日

ライブ

ころんワンマンライブ『ころわん サマーライブ2018』
(東京：恵比寿リキッドルーム)ゲスト出演

2018年 8月13日

すとぷり　ライブ

『すとろべりーめもりー vol.5
東名阪サマーツアー!!』開催
(愛知：Zepp Nagoya)

2018年 8月15日

すとぷり　ライブ

『すとろべりーめもりー vol.5
東名阪サマーツアー!!』開催
(大阪：Zepp Namba(OSAKA))

たくさんのお花もありがとう!!

2018年 8月12日

MV

『君と僕のストーリー』MV公開

2018年 8月20日

ライブ

ワンマンライブ『君と僕のストーリー』開催
(東京：新宿BLAZE)

すとぷりめんばーの、
なーくん、ころちゃ
ん、莉犬が遊びに来て
くれたんだ！

HISTORY

2018年 8月26日

MV

『苺色夏花火』MV公開

2018年 9月12日

曲

1stミニアルバム
『君と僕のストーリー』発売

専門学校2年目の夏にがむしゃらに曲を作ったんだ

アルバム『君と僕のストーリー』の発売は、専門学校の2年目の9月。専門学校に入って曲を作りたいなと思ってたんだけど、なかなか作れるようにならなくて……2年目になってもなかなか作れなくてすっごい焦ってた。

曲がかたちになったら出したいなとはずっと思ってたんだけど、そこに行き着くまで自分の実力が伴わなくて……。ほんとに焦りながら過ごした時期で、同時に、すとぷりの活動に全力を注いだらいいのか、学校の勉強を続けたらいいのかっていう葛藤もあって……。ほかのめんばーは活動一本になってきて、ボクだけが学校に行きながら活動をしていて、自分のことを応援してくれてる子たちに全力で向き合えていないんじゃないかな？ とか、考えちゃってた。そんな中でなんとか曲を作れるようになって、ほんとにがむしゃらに作ったアルバムだったんだ。

地道に少しずつヤスリがけしていく感覚で曲を作っていて、できなかったことを無理やりできるように頑張ってた。そのころ同時にすとぷりの『苺色夏花火』を作って投稿したんだけど、この夏は必死だったなぁ。

ボクは曲を作れるようになりたいって思ったときから、すとぷりに曲を作ってみたいっていう気持ちがあったから、初めてすとぷりに曲を書くことができて本当にうれしかったんだ。そこから行事ごとに『パレードはここさ』とか『すとろべりーはろうぃんないと』『クリスマスの魔法』ってすとぷりに曲を作っていって、ここで自分の引き出しがすごく増えてきたかなっていう気がするよ♪

HISTORY

2018年 11月11日

MV

『すとろべりーはろうぃんないと』MV公開

2018年 12月23日

MV

『クリスマスの魔法』MV公開

2018年 12月24日

すとぷり ライブ

『すとろべりーめもりー vol.6』開催
（東京：両国国技館）

2018年 9月30日

MV

『パレードはここさ』MV公開

2018年 10月25日

MV

『この想いを歌に』MV公開

※二十歳の誕生日に投稿

2019年1月27日

MV

『コンパス』MV公開

本気で活動に取り組みたいから専門学校をやめる決断をしたんだ

Year 2019

2019年

専門学校は3年制だったんだけど、2年目の後半に途中で学校をやめるかやめないかとても悩んでいたんだ。このとき、応援してくれているみんなの熱をすごく感じていて、ボクもそれに本気でこたえていきたいなっていう気持ちが強くなった。

学校に行きながらの活動だとどっちもどっちで、どっちかに全力を注ぐことができなくなっちゃう。本当はどっちも全力でできたらいいんだけど、なかなかそうもいかなくて……。

それで「学校をやめる」っていう選択もあるのかな？ってことをなーくんに相談してみたら、「それはるぅとくんが決めることだけど、やめるっていうのもありだと思うよ」みたいなことを言ってもらえたんだ。ただ、学校をやめるって、とてもネガティブなこと。普段応援してくれている人たちになら、ボクが「本気で活動したいから学校をやめようと思うんだ」って話をしたら理解してくれると思うんだけど、活動にあまり興味がない人などには「もったいない」とか「バカじゃん」とか「や

HISTORY

めさせられたの？」とか言われちゃうのかな？って……。学校をやめるってことには、あんまりポジティブなイメージがないんだよね。

学校の課題をやりながら、「歌ってみた」を投稿したり、自分で曲を作って投稿したりってなると、かなり時間が足りなくなる。配信をするとなると、学校の課題と配信だけで精一杯みたいな感じになってしまって、動画があんまり投稿できなくなっちゃうんだ。同時に、曲を作る余裕がなくなってしまう……。

2019年 3月27日

すとぷり　曲

1stミニアルバム
『すとろべりーすたーと』発売

2019年 4月30日・5月1日

すとぷり　ライブ

『すとろべりーめもりー vol.7』開催
(千葉：幕張メッセ)

2019年 5月12日

Twitterるぅとの
日常アカウント開設

そうなると、やっぱり本気で向き合えていない感じがつらくなってきて、ほかのめんばーはのびのびとやってるように見えるし、ボクだけがすごく縛られて活動している感じがしちゃってた。りすなーさんが「曲を楽しみにしています」って言ってくれるのはうれしかったんだけど、待たせちゃってるなって、ちょっとつらい気持ちになったこともあったんだ。

きっと活動がボクの中でとても大きなものになってきたんだと思う。だから専門学校をやめて活動一本にしようっていう決断をした。『コンパス』はそのときの思いを詰め込んだ思い出深い曲なんだ。

2019年 5月25日

MV

『君の方が好きだけど』MV公開

※莉犬くんの楽曲

2019年 5月29日

MV

『敗北ヒーロー』MV公開

※ころんくんの楽曲

2019年 6月16日

MV

『クローバー』MV公開

2019年 6月23日

MV

『ごめん。正直めっちゃ好き。』MV公開

※なーくんの楽曲

2019年 6月30日

すとぷり ライブ

『すとろべりーめもりー vol.8 僕たちすとぷり信号機組!』開催
(東京：NHKホール)

HISTORY

2019年 7月3日

すとぷり　曲

1stフルアルバム
『すとろべりーらぶっ！』発売

2019年 7月26日

MV

『Code-暗号解読-』MV公開

2019年 7月30日

すとぷり　ライブ

『すとろべりーめもりー vol.9
Summer tour 2019』開催
（福岡：Zepp Fukuoka）

2019年 8月2日

ライブ

莉犬 わん！マンツアー
『すたーとらいふっ!』ゲスト出演
（東京：Zepp Tokyo）

2019年 8月6日

すとぷり　ライブ

『すとろべりーめもりー vol.9
Summer tour 2019』開催
（北海道：Zepp Sapporo）

2019年 8月10日

すとぷり　ライブ

『すとろべりーめもりー vol.9
Summer tour 2019』開催
（宮城：ゼビオアリーナ仙台）

2019年 8月13日

MV

『君と僕のストーリー』MV
100万回再生突破！

2019年 8月14日

すとぷり　ライブ

『すとろべりーめもりー vol.9
Summer tour 2019』開催
(兵庫：ワールド記念ホール)

2019年 8月15日

公式LINE開設

2019年 8月17日・18日

すとぷり　ライブ

『すとろべりーめもりー vol.9
Summer tour 2019』開催
(静岡：エコパアリーナ)

2019年 8月19日

MV

『あの夏に陽を点けて』MV公開

2019年 8月24日・25日

すとぷり　ライブ

『すとろべりーめもりー vol.9
Summer tour 2019』開催
(千葉：幕張メッセ イベントホール)

2019年 9月22日・23日

すとぷり　ライブ

『すとろべりーめもりー vol.10』開催
(埼玉：メットライフドーム)

HISTORY

2019年 10月15日

『すとろべりーめもりー vol.3』発売

※るぅとくん巻頭特集

2019年 10月1日

サボテンの名前が
『さぼ男くん』に決定

2019年 10月29日～11月11日

イベント

TOWER RECORDS るぅと x
NE(X)T BREAKERS
(タワーレコード渋谷店)

タワレコが話題の次世代アーティストをあと押しするオリジナル企画
『NE(X)T BREAKERS』の第7弾アーティストになったんだよ

2019年 12月5日

MV

『溶解ウォッチ』MV公開

2019年 10月30日

曲

1stフルアルバム
『君と僕の秘密基地』発売

2019年 12月7日

イベント

『君と僕の秘密基地』発売記念握手会
(アニメイト池袋本店)

1stフルアルバム『君と僕の秘密基地』の発売を記念した握手会が、アニメイト池袋本店9階のイベントホールで開催されたんだ

HISTORY

Year 2020

2020年

2020年 1月15日

すとぷり　曲

2ndフルアルバム
『すとろべりーねくすとっ！』発売

2020年 2月23日

Twitterに『すとぷりプロフィール帳』投稿

2020年 1月6日

ライブ

ワンマンライブ『君と僕の秘密基地』開催
(東京：Zepp DiverCity(TOKYO))

1stフルアルバムを引っさげてのワンマンライブは大成功！

2020年 2月1日

曲

オリジナル曲のカラオケ音源公開

2020年 3月14日

曲

『バレンタインデーの
お返ししにきたよ…の曲』投稿

2020年 3月21日

すとぷり　ライブ

無観客生配信ライブ
『すとろべりーめもりー in
すとぷりちゃんねる！』
開催

2020年 3月17日

動画

占い動画『今年のすとぷりは夏がヤバい。。。
【タロット占い！るぅと編】』投稿

HISTORY

2020年 7月8日

みるくん（愛犬）お迎え

2020年 8月27日

すとぷり　ライブ

無観客生配信ライブ『すとろべりーめもりー in すとぷりちゃんねる！ vol.2』開催

2020年 8月17日

曲

1st EPアルバム『僕は雨に濡れた』発売

2020年 11月11日

すとぷり　曲

3rdフルアルバム『Strawberry Prince』発売

みるくんとの出会いは運命なんだと思う

ペットショップに入ったらプードルがいて、でもそのころはワンちゃんを飼う気がなくて、「あー、やっぱりちょっとまだ！」っていう感じで帰ったんだ。で、そのあともう1回行ったらまだいて、でも「うーん、まだちょっと！ 活動とかあるし、いまじゃない！」って帰ったんだよ。で、また少ししてからもう1回行ってみたら、まだいて、「もう運命なんじゃないかな」って思って家族として迎え入れたんだ♡

Year 2021
2021年

2021年 4月3日
すとぷり ライブ

『すとろべりーめもりー in バーチャル』開催

2021年 4月11日
MV

『ガラクタリブート』MV公開

※映画『復興応援 政宗ダテニクル 合体版＋』エンディングテーマ

2021年 7月5日
動画

YouTubeチャンネル登録者数70万人突破

2021年 8月3日
曲

短編楽曲『ばれぱれ。』投稿

8月6日
曲

短編楽曲『ごめんね。』投稿

8月10日
曲

短編楽曲『○にたい。』投稿

8月13日
曲

短編楽曲『憎んでら。』投稿

2021年 8月7日
MV

『クロマト』MV公開

2021年 8月14日
曲

2nd EPアルバム『忘れ愛』発売

HISTORY

2021年

8月16日
曲

短編楽曲『いいよ。』投稿

8月19日
曲

短編楽曲『メラトニンさん』投稿

8月23日
曲

短編楽曲『限界オタク』投稿

8月25日
曲

短編楽曲『残り火』投稿

8月27日
曲

短編楽曲『迷子』投稿

8月29日
曲

短編楽曲『甘い地獄』投稿

8月31日
曲

短編楽曲『心臓を編む』投稿

2021年
8月14日
ライブ

2nd EP『忘れ愛』リリース記念バーチャルライブ開催

※初のバーチャルライブ

2021年
8月28日
すとぷり　ライブ

『すとろべりーめもりー in バーチャル Vol.2』開催

2021年
8月14日
MV

『忘れ愛』MV公開

in Future

これから

いつまでも変わらずに「楽しい」を届け続けたい

まずはりすなーさんに会いたいな。「ありがとう」と「好き」を伝えたい、目いっぱい！ これまで待たせていたから、届けたい気持ちがとても強いんだ♡

そして、これからもいまと変わらず続けていくっていうのがボクの目標としてずっとあって……。ネットでの活動って、いつ終わっちゃうかわからない。それに、今回のコロナ禍の影響のように、ライブが突然できなくなってしまったり、状況が変わってしまったりすることもある。だからこそ、これまでと変わらずこの先も、みんなに「楽しい」を届け続けたいなって思ってるんだ。

CHAPTER 03
SINGER

CHAPTER 03

SONG WRITING

るぅとくんってどうやって曲を作っているの？ 思い出深い曲は？ 曲作りで大変なことって何？ など、楽曲制作についてのいろんなことを聞いてみたよ！

コンセプトからできあがっていく楽曲

るぅと comment

何か見たり感じたり、ひとつの何かに対しての感情を深く考えたりして、「あっ！ この気持ち、表現できるかもな」みたいな感じで曲のコンセプトになるんだ。そして、そのコンセプトからメロディーを考えていくよ。

メロディーは、ギターを弾きながら鼻歌で作っていくんだ。メロディーを作っている中で「ここは同じ言葉を入れよう」とか「ここは似たような言葉を入れてリズム感をよくしよう」とかっていうのがあって、それに合わせて歌詞をつけていくことが多いよ。

作るのに1カ月かかってボツになった曲もあるよ

るぅと comment

早いときは3日とかで曲ができるんだけど、長いと2週間とか……で、2週間かかって納得いかなくてもうちょっとやってみて、1カ月ぐらいかかった末にボツになることもあるんだ。歌詞まで完成して、仮歌を録ってみてからやっぱり違うなって思ってなくなった曲もある。日の目を見てない曲が30曲ぐらいあるかも（笑）。

実は、自分に曲を作るのがちょっと苦手で、逆に人に曲を作るってなるとすごく得意でサラサラって作れちゃうんだ。すとぷりめんばーに作るときはすごく楽しくてすぐにできちゃう。ほんと自分の曲だと作りにくい……。

『君と僕のストーリー』と『コンパス』が特に思い出深い2曲

るぅと comment

専門学校に通いだして、「曲が作れるように頑張ってる」「練習してるから投稿するまで楽しみにしてて」みたいなことを放送で話すんだけど、なかなか曲が作れるようにならなくて、動画投稿のめども立たずで……。いまでも応援してくれてるみんなのことを待たせちゃうことが多いんだけど(笑)、このときはすごい待たせちゃってたんだ。

そこからやっと出せた曲が『君と僕のストーリー』。初めて自分の言葉、メロディー、歌詞で、届けたかったものが届けられて、それを受けとってもらえてすごいうれしくて、そこからまた「頑張ろう!」っていう気持ちになったんだよ。

君と僕のストーリー

2018年8月12日 MV公開

るぅと comment

専門学校をやめようと思ったとき、すごい不安な気持ちもあって、「どうしようどうしよう」って悩んでたんだ。だけどそこで学校をやめるっていう決断をして、それで投稿した曲が『コンパス』。本当に迷っていたし、その選択が正しいのかどうかとか、すごく葛藤した時期だったなぁ……。歌詞にはその当時の気持ちがけっこう反映されているんだ。

コンパス

2019年1月27日 MV公開

それぞれのアルバムの曲作りにおける違い

1stミニアルバム『**君と僕のストーリー**』

発売日 2018年9月12日
(2019年10月30日再発売)

るぅと comment

自分がいまできることをがむしゃらに頑張って作ったのがこの1stミニアルバム。ただ、このときはりすなーさんに対してのボクの思いとか、考え方がいまとはけっこう違っていて……。だから、このアルバムを聴くと「このころのボクはいったい何を思ってたんだろう？」「なんでこんなことを思ってしまったんだろう？」っていう気持ちになるんだ(笑)。

1stフルアルバム『**君と僕の秘密基地**』

発売日 2019年10月30日

るぅと comment

このアルバムは、『君と僕のストーリー』からは思考が変わっていて、それは歌詞にも反映されてるから聴き比べてくれたらわかるかもしれない(笑)。

制作面では、曲の幅を広げるというか、表現の幅を広げたいっていう目標を持ってたくさん曲を作ったから、すごく自分の音楽の引き出しを増やせたアルバムなのかなって思う。ボクが興味を持った曲調とかジャンルを片っ端からやってみて、ほんとにいろんなジャンルの曲に挑戦したし、頑張って頑張って頑張って曲を作ったんだ。

1st EPアルバム『**僕は雨に濡れた**』

るぅと comment

自分がちょっと苦手としていた方向性をとり入れてみたんだ。好きなんだけど、作るのは苦手だったジャンルの曲なんかに、足を踏み入れてというか頑張ってチャレンジして……。これでなんとなくボクがやってみたかったものを網羅したイメージかも。まだまだ完璧ではないんだけど、多少はできるようになったのかなって思うんだ。

発売日 2020年8月17日

2nd EPアルバム『**忘れ愛**』

るぅと comment

やっとできた、自分が自信を持って届けられるアルバム!

普段応援してくれている人にはもちろん、まだすとぷりやボクのことを知らない人にもいいなって思ってもらえるようなものを作りたい!! っていう目標を持って頑張ったんだ。

発売日 2021年8月14日

夏のひとつの挑戦だった短編楽曲

るぅと comment

短編楽曲の制作は、この夏(2021年)のひとつの挑戦としてやってみたかったんだ。作っていく中で、どういう曲を出したらいいんだろう？ とか、とても悩んで悩んで悩んで、割とがむしゃらにやり切った感じかな。やっと夏の終りぐらいに「あ! これだな」って思えるものができるようになったと思う。3年前の夏を思い出したよ(笑)。

できるたびにアップしていったんだけど、すぐできるものもあれば時間がかかったものもあって、ほんとギリギリの状態で投稿してたんだよ。たくさんの人に届いて知ってもらえたらいいなっていう気持ちと、いま応援してくれている人が楽しんでくれたらいいなっていう気持ちで頑張ったんだ。

SONG LIST

アルバム曲から配信曲、すとぷりの楽曲まで、るぅとくんが制作にかかわっている曲をリストアップしたよ。るぅとくんのコメントも一緒に楽しんでね♪

Album 君と僕のストーリー

1stミニアルバム『**君と僕のストーリー**』

発売日 2018年9月12日（2019年10月30日再発売）

品番 STPR-1004（再発盤）

価格 1980円（税込）

ジャケットイラスト フカヒレ

同人流通で発売された、るぅとくんの1stミニアルバム。るぅとくんが作詞・作曲を担当したオリジナル曲、6曲を収録。2019年10月30日に全国流通で再発売。

君と僕のストーリー 収録曲

01

昨日の僕とさようなら

作詞：るぅと×はいせ
作曲：るぅと×松
編曲：松

02

Pull the Trigger

作詞：るぅと×はいせ
作曲：るぅと×松
編曲：松

CHAPTER 03

SONG LIST

Flowering palettes

作詞：るぅと×はいせ
作曲：るぅと×松
編曲：松
歌：すとぷり

06

るぅと comment
すとぷり全員で歌っているんだけど、このときに思っていたグループでの活動について表現した曲。いつも近い距離で応援してくれている人の声を受けて、その応援に対しての「ありがとう」の気持ちを込めた曲になっているんだ。

今日も空は眩しいから

作詞：るぅと×はいせ
作曲：るぅと×松
編曲：松

03

ちこくしてもいいじゃん

作詞：るぅと
作曲：るぅと×松
編曲：松
歌：莉犬×るぅと

04

君と僕のストーリー

作詞：るぅと×はいせ
作曲：るぅと×松
編曲：松

05

2018年8月12日 MV公開

るぅと comment
しっかりとした曲として、ソロ曲として、初めてみんなに届けられた曲で、このとき感じていた活動に対する思いとか、応援してくれるりすなーさんへの思いとか、それぞれへの向き合い方なんかをそのまま純度100%で表現した曲なんだ。このときのボクの気持ちがそのまま詰め込まれているよ♪

Album

君と僕の秘密基地

初回限定ボーナスCD盤

品番 STPR-9005/6

価格 3300円(税込)

仕様 CD+ボーナスCD

初回限定CD盤収録内容

ななもり。、ころん、莉犬の誕生日に
それぞれ書き下ろした楽曲の
セルフカバーバージョン
01 ごめん。正直めっちゃ好き。
02 敗北ヒーロー
03 君の方が好きだけど

初回限定DVD盤

品番 STPR-9004

価格 3300円(税込)

仕様 CD+DVD

初回限定DVD盤収録内容

すとろべりーめもりーvol.8
DAY2『僕たちすとぷり信号機組!』
(2019年6月30日(日)NHKホール)ライブ映像
01 クローバー
02 君と僕のストーリー
03 ちこくしてもいいじゃん
04 ちこくしてもいいじゃん
〜オーディオコメンタリー るぅとver.〜

通常盤

品番 STPR-1003

価格 2750円(税込)

ダウンロード/ストリーミング

1stフルアルバム『**君と僕の秘密基地**』

発売日 2019年10月30日

ジャケットイラスト フカヒレ

全曲、作詞・作曲をるぅとくんが担当した初のフルアルバム。ダウンロード&ストリーミングも用意されている。

店舗別オリジナル特典

ステッカー

TSUTAYA、
HMV&BOOKS、
新星堂、WonderGOO、
応援店共通

A2 ポスター

タワーレコード

ミニ缶バッジ

アニメイト

アナザージャケット

AMAZON、楽天ブックス、
セブンネットショッピング、
ネオウィング、
いちごのおうじ商店共通
※メッセージ&複製サイン入り

ミニクリアファイル

ヴィレッジヴァンガード

アナザージャケット撮影

1stフルアルバム『君と僕の秘密基地』のアナザージャケットは、るぅとくんの実写! ジャケット撮影現場の様子をお届け!!

発売記念イベント

2019年12月7日
アニメイト池袋本店にて開催

1stフルアルバム『君と僕の秘密基地』の発売を記念した握手会が実施されたよ。アニメイト池袋本店9階のイベントホールには、たくさんのりすなーさんが集まったんだ。

タワーレコード『るぅと×NE(X)T BREAKERS』キャンペーン

2019年10月29日～11月11日
タワーレコード渋谷店にて開催

タワレコが話題の次世代アーティストをあと押しするオリジナル企画『NE(X)T BREAKERS』の第7弾アーティストとして、るぅとくんが選ばれたんだ。渋谷店ではキャンペーン企画が実施されて、等身大パネルやサインが展示されたよ。

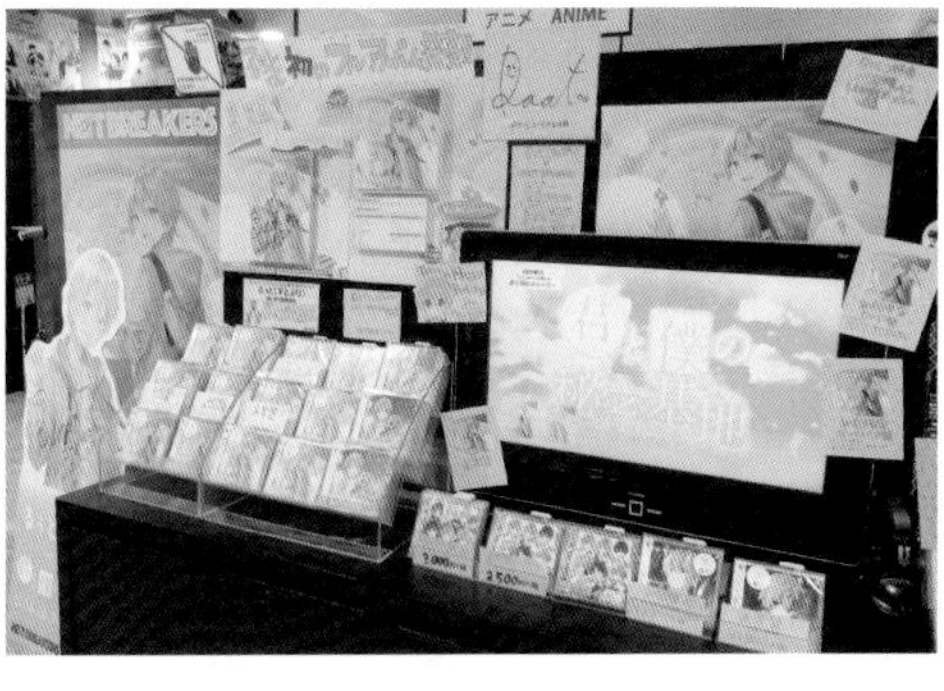

君と僕の秘密基地 収録曲

01 君はいつも100点満点!

作詞：るぅと× TOKU
作曲：るぅと×松
編曲：松

02 ヒロインと生徒B

作詞：るぅと× TOKU
作曲：るぅと×松
編曲：松

03 行け!僕らのスクールフロント!

作詞：るぅと× TOKU
作曲：るぅと×松
編曲：松
歌：るぅと×莉犬

04 Justified

作詞：るぅと× TOKU
作曲：るぅと×身長高スギ
編曲：身長高スギ

05 &you

作詞：るぅと× TOKU
作曲：るぅと×松
編曲：松

06 Citrus fruits

作詞：るぅと× TOKU
作曲：るぅと×松
編曲：松

CHAPTER 03

SONG LIST

拝啓、不平等な神様へ

作詞：るぅと× TOKU
作曲：るぅと×身長高スギ
編曲：身長高スギ

07

2019年12月21日 MV公開

十三年彗星

作詞：るぅと× TOKU
作曲：るぅと×松
編曲：松

08

この想いを歌に

作詞：るぅと× TOKU
作曲：るぅと×松
編曲：松

09

2018年10月25日 MV公開

コンパス

作詞：るぅと× TOKU
作曲：るぅと×松
編曲：松

10

2019年1月27日 MV公開

クローバー

作詞：るぅと× TOKU
作曲：るぅと×松
編曲：松

11

2019年6月16日 MV公開

るぅと comment

ボクからりすなーさんに向けてのラブソング! あまりラブソングを作ることがないし、初めてこういうストレートな甘酸っぱいラブソングを作ったから、応援してくれているみんなに聴いてもらうことが、とっても恥ずかしかったことを覚えてる ^^;

あの夏に陽を点けて

作詞：るぅと× TOKU

作曲：るぅと×松

編曲：松

12

2019年8月19日 MV公開

Good day

作詞：るぅと× TOKU

作曲：るぅと×松

編曲：松

13

るぅと comment

ライブのアンコールで歌おうと思って作ったんだよ。いまでもライブがあれば最後のほうで歌うことが多い曲で、その日の「ありがとう」とかよかったことを再認識できる曲なんだ。この曲を聴くと、その一日のありがたみを感じることができる、ボクの中ですごく大切な曲。

君と僕の秘密基地

作詞：るぅと× TOKU

作曲：るぅと×松

編曲：松

14

2019年10月14日 MV公開

るぅと comment

『君と僕のストーリー』と同じで、このときの活動やりすなーさんに対する思いが100%詰め込まれた曲。ただ、1年前とはボクの活動に対する気持ちとか、りすなーさんとの向き合い方とかが変わっていて、『君と僕のストーリー』と『君と僕の秘密基地』は歌詞の内容がまったく違うんだ。聴き比べてみると、違った楽しみ方ができるよ!

Spreading palettes

作詞：るぅと× TOKU

作曲：るぅと×松

編曲：松

歌：すとぷり

15

僕は雨に濡れた 収録曲

ジェスター

作詞：るぅと× TOKU
作曲：るぅと×松
編曲：松

01

2020年5月16日 MV公開

夜桜非行

※すとぷりめんばージェルくんの1stフルアルバム『Believe』にジェル歌唱版を収録

作詞：るぅと× TOKU
作曲：るぅと×松
編曲：松

02

2020年6月21日 MV公開

るぅと comment
YouTubeに投稿されているMVをしっかり見ると、気づく人もいるかもだけど、猫の目線の曲になっているよ。猫が人に対して恋をするっていうのを曲にしているんだけど、これは人にも置き換えることができて、近づくことができない関係性とか、住む世界が違う人同士の恋愛とかにも当てはまるんだ。聞き手によっていろんな受けとり方ができる曲。

Album **僕は雨に濡れた**

1st EPアルバム
『僕は雨に濡れた』

発売日 2020年8月17日

ジャケットイラスト 水呑朔

るぅとくん自身が、作詞・作曲を手がけている初のEP。表題曲の『僕は雨に濡れた』は、全国のローソンやファミリーマートのBGMにもなったんだ。

ダウンロード／ストリーミング

Album **忘れ愛**

2nd EPアルバム
『忘れ愛』

発売日 2021年8月14日

ジャケットイラスト 水吞朔

るぅとくんが作詞・作曲を手がける2nd EP。発売日にはるぅとくん初のバーチャルソロライブが開催されたんだ。

ダウンロード／ストリーミング

アイディー

作詞：るぅと× TOKU
作曲：るぅと×松
編曲：松

03

2020年8月25日 MV公開

腐心

作詞：るぅと× TOKU
作曲：るぅと×松
編曲：松

04

2020年12月23日 MV公開

僕は雨に濡れた

作詞：るぅと× TOKU
作曲：るぅと×松
編曲：松

05

2020年8月17日 MV公開

CHAPTER 03

SONG LIST

忘れ愛 収録曲

クロマト

作詞：るぅと× TOKU
作曲：るぅと×松
編曲：松

01

2021年8月7日 MV公開

トリックスタァ

作詞：るぅと× TOKU
作曲：るぅと×松
編曲：松

02

エヌイー

作詞：るぅと× TOKU
作曲：るぅと×松
編曲：松

03

よるのあるきかた

作詞：るぅと× TOKU
作曲：るぅと×松
編曲：松

04

忘れ愛

作詞：るぅと× TOKU
作曲：るぅと×松
編曲：松

05

2021年8月14日 MV公開

るぅと comment

どうしても過去が美しく見えてしまって、「あのころに戻れたらな」とか「あのころがよかったな」とか思うけど、戻ることはできないし、時間は進んでいて新しいことが起きていく……っていう過去を振り返る曲。それをすごく抽象的に表現しているから、いろんな人にいろんな捉え方をしてもらえると思う。聴く人の状況に合わせて、感じ方が変わる曲なんだ。

短編楽曲

2021年8月の1カ月間、立て続けに短編楽曲がYouTube公式チャンネルに投稿されたんだ。るぅとくん作詞・作曲による全11曲を紹介するよ♪

ばればれ。

作詞・作曲：るぅと

投稿日：2021年8月3日

るぅと comment

Twitterに、ボクじゃない人に送るはずだった内容のDMが届いたんだ。「○○くん、いつも応援しています！」ってボク宛じゃない！ でも、その内容を見て、この曲を作ったんだよね(笑)。とても悲しい気持ちになりました……。

ごめんね。

作詞・作曲：るぅと

投稿日：2021年8月6日

○にたい。

作詞・作曲：るぅと

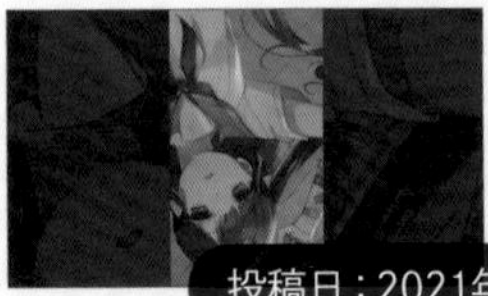

投稿日：2021年8月10日

憎んでら。

作詞・作曲：るぅと

投稿日：2021年8月13日

いいよ。

作詞・作曲：るぅと

投稿日：2021年8月16日

CHAPTER 03
SONG LIST

迷子

作詞・作曲：るぅと

投稿日：2021年8月27日

メラトニンさん

作詞・作曲：るぅと

投稿日：2021年8月19日

甘い地獄

作詞・作曲：るぅと

投稿日：2021年8月29日

限界オタク

作詞・作曲：るぅと

投稿日：2021年8月23日

心臓を編む

作詞・作曲：るぅと

投稿日：2021年8月31日

残り火

作詞・作曲：るぅと

投稿日：2021年8月25日

すとぷり楽曲

るぅとくんは、自身が所属しているエンタメユニット『すとぷり』の楽曲も手がけているんだ。YouTubeチャンネルにアップされたMV楽曲やアルバム曲などを紹介していくよ。

すとろべりーはろうぃんないと

作詞：ななもり。× TOKU
作曲：るぅと×松
編曲：松

2018年11月11日 MV公開

ダウンロード／ストリーミング

クリスマスの魔法

作詞：ななもり。× TOKU
作曲：るぅと×松
編曲：松

2018年12月23日 MV公開

ダウンロード／ストリーミング

苺色夏花火

作詞：ななもり。× TOKU
作曲：るぅと×松
編曲：松

2018年8月26日 MV公開

ダウンロード／ストリーミング

るぅと comment

すとぷりの曲の中でもいちばんと言えるくらい好きな曲なんだ。一瞬で終わっちゃうようなことでも、そこに向けての準備中に大変なこととかがあるんだ。だから、準備してきた時間とかそこまでに積み上げていくこととかがすごく大事なんだと思う。準備の段階は見えていないんだけど、すごく大切なこと。りすなーさんに楽しんでほしくて、ライブの準備、生放送の準備、リレー放送の準備とかをして届ける……。そして届けきったあとにこの曲を聴くと、グッと心に沁みるんだよね♪

パレードはここさ

作詞：TOKU ×ななもり。
作曲：るぅと×松
編曲：松

2018年9月30日 MV公開

ダウンロード／ストリーミング

ホワイトプロミス

作詞：谷口尚久
作曲：るぅと×松
編曲：松

2021年3月14日 MV公開

ダウンロード／ストリーミング

Strawberry Nightmare

作詞：ななもり。×TOKU
作曲：るぅと×松
編曲：るぅと×松

2019年10月27日 MV公開

ダウンロード／ストリーミング

ナミダメ

作詞：ななもり。×谷口尚久
作曲：るぅと×松
編曲：松

2021年4月4日 MV公開

ダウンロード／ストリーミング

Believe

作詞：ジェル
作曲：るぅと×松
編曲：松
歌：すとぷり

ジェル1stフルアルバム
『**Believe**』収録曲

発売日	2021年2月24日
品番	STPR-1008
価格	2750円(税込)※通常盤
ジャケットイラスト	nanao

非リアドリーム妄想中!

作詞：ななもり。×TOKU
作曲：るぅと×松
編曲：松
歌：ななもり。×ジェル

でこぼこげーむぱーてぃー

作詞：るぅと× TOKU
作曲：るぅと×松
編曲：松
歌：さとみ×ころん

すとろべりーごーらんどっ

作詞：るぅと× TOKU
作曲：るぅと×松
編曲：松
歌：莉犬×るぅと

すとぷり1stミニアルバム『すとろべりーすたーと』収録曲

発売日 2019年3月27日(2020年1月15日再発売)
品番 STPR-1007(再発盤)
価格 1980円(税込)
ジャケットイラスト nanao

すとぷり1stフルアルバム『すとろべりーらぶっ!』収録曲

発売日 2019年7月3日
品番 STPR-1001
価格 2750円(税込)※通常盤
ジャケットイラスト nanao

ダウンロード／ストリーミング

キングオブ受動態

作詞：谷口尚久
作曲：るぅと×松
編曲：松
歌：ななもり。×さとみ×ジェル

道標

作詞：KOUTAPAI
作曲：るぅと×松
編曲：松
歌：ころん×るぅと×莉犬

すとぷり2ndフルアルバム『すとろべりーねくすとっ!』収録曲

発売日 2020年1月15日
品番 STPR-1006
価格 2750円(税込)※通常盤
ジャケットイラスト フカヒレ

ダウンロード/ストリーミング

咲かせて恋の1・2・3!

作詞：るぅと× TOKU
作曲：るぅと×松
編曲：松
歌：莉犬×るぅと×ころん

2020年2月2日 MV公開

LOOK UP

作詞：谷口尚久
作曲：るぅと×松
編曲：松

Next Stage!!

作詞：ななもり。
作曲：るぅと×松
編曲：松

2020年3月15日 MV公開

Streamer

作詞：ななもり。×谷口尚久
作曲：るぅと×松
編曲：松

2020年8月16日 MV公開

ダウンロード／ストリーミング

るぅと comment
『ツイキャス』のキャンペーンソングなんだけど、普段の生放送の要素がふんだんに詰め込まれているよ。生放送がなかったらいまの活動はないってくらい、すとぷりはもちろん、ボクにとっても生放送は欠かせない存在。普段から放送で使っている言葉だったり、生放送のよさだったり、生放送への思いが入った曲で、この曲を聴くと放送だ! って気持ちになる(笑)。なんか、生放送のよさをあらためて感じることができる曲なんだ。

すとぷり3rdフルアルバム『Strawberry Prince』収録曲

発売日	2020年11月11日
品番	STPR-1009
価格	2750円(税込)※通常盤
ジャケットイラスト	フカヒレ

ダウンロード／ストリーミング

エンキョリクライ。

作詞：莉犬
作曲：るぅと×松
編曲：松
歌：莉犬×るぅと

チェキラ☆

作詞：谷口尚久
作曲：るぅと×松
編曲：松

2020年8月30日 MV公開

向こうへ

作詞：るぅと× TOKU
作曲：るぅと×松
編曲：松

2020年11月3日 MV公開

ハジメテキミと

作詞：谷口尚久
作曲：るぅと×松
編曲：松

マブシガリヤ

作詞：谷口尚久
作曲：るぅと×松
編曲：松

2020年5月10日 MV公開

ダウンロード／ストリーミング

るぅと comment

コロナ禍の中でいろいろ準備してきたことができなくなってしまって、ボクたちも悔しかったし、応援してくれているりすなーさんも悲しかったりさみしかったりっていう気持ちになったと思う。だけど、こんな状況でも、前を向いて頑張っていこう！ っていう気持ちを込めて作った曲。ボク自身も、くじけそうなときとか元気がなくなってしまったときに聴いて、元気をもらっている大切な曲なんだ。

ころん1stフルアルバム
『**アスター**』収録曲

発売日	2021年1月27日
品番	STPR-1010
価格	2750円(税込)※通常盤
ジャケットイラスト	nanao

めんばー楽曲

ここでは、『すとぷり』めんばーに提供している楽曲をピックアップ！ るぅとくんからのコメントもあるからチェックしてね♪

るぅと comment
普段の歌声とか歌い方の癖を見て、莉犬だったらこういう曲でこういう風に歌ってほしいとか、ころちゃんだったら、こういう曲でサビはこういう感じで歌ってほしいとか、曲を書く前から思っていて、絶対に似合うなっていうイメージのまま作った曲なんだ。ボクの中では100点満点の曲たちだよ！

敗北ヒーロー

作詞：ころん
作曲：るぅと×松
編曲：松
歌：ころん

2019年5月29日 MV公開

ダウンロード／ストリーミング

君の方が好きだけど

作詞：莉犬
作曲：るぅと×松
編曲：るぅと×松
歌：莉犬

2019年5月25日 MV公開

Code - 暗号解読 -

作詞：さとみ×るぅと×ななもり。
作曲：るぅと×松
編曲：松
歌：さとみ×ころん

2019年7月26日 MV公開

ダウンロード／ストリーミング

ごめん。正直めっちゃ好き。

作詞：ななもり。×TOKU
作曲：るぅと×松
編曲：松
歌：ななもり。

2019年6月23日 MV公開

ダウンロード／ストリーミング

ノスタルジーの窓辺

作詞：莉犬
作曲：るぅと×松
編曲：松
歌：莉犬

莉犬1stフルアルバム
『**タイムカプセル**』収録曲

発売日 2019年12月11日
品番 STPR-1005
価格 2750円(税込)※通常盤
ジャケットイラスト nanao

敗北ヒーロー - Piano Ver.

作詞：ころん
作曲：るぅと×松
編曲：松
歌：ころん

2021年5月29日 MV公開

ダウンロード／ストリーミング

敗北の未来地図

作詞：ころん
作曲：るぅと×松
編曲：松
歌：ころん

2020年5月29日 MV公開

※2021年1月27日発売、ころん1stフルアルバム『アスター』収録曲

ダウンロード／ストリーミング

るぅとくん 歌唱曲も紹介！

すとぷり『Strawberry Prince』の発売時に、TSUTAYAでの店舗別オリジナル特典として用意された『歌ってみたCD るぅと Ver!!』の配信版

配信シングル『**Booo!**』

発売日 2020年11月11日
作詞：TOKOTOKO(西沢さんP)
作曲：TOKOTOKO(西沢さんP)

ダウンロード／ストリーミング

ガラクタリブート

作詞：るぅと× TOKU
作曲：るぅと×松
編曲：松
歌：るぅと

2021年4月11日 MV公開

※映画『復興応援政宗ダテニクル合体版＋(プラス)』エンディングテーマ

ダウンロード／ストリーミング

LIVE LIST

2020年の年頭に開催されたワンマンライブ『君と僕の秘密基地』を写真とともに紹介していくよ！ ゲスト出演した莉犬くんのワンマンライブや、初のバーチャルソロライブもピックアップ!! すとぷりのライブでの姿も特別に見せちゃうよ☆

ワンマンライブ 君と僕の秘密基地

1stフルアルバム『君と僕の秘密基地』を引っさげてのワンマンライブ。すとぷりめんばーの莉犬くんがゲスト出演したこのライブでは、弾き語りも披露されたんだ♪

開演日	2020年1月6日（月）
開演時間	17時
会場	Zepp DiverCity(Tokyo)（東京）
ゲスト	

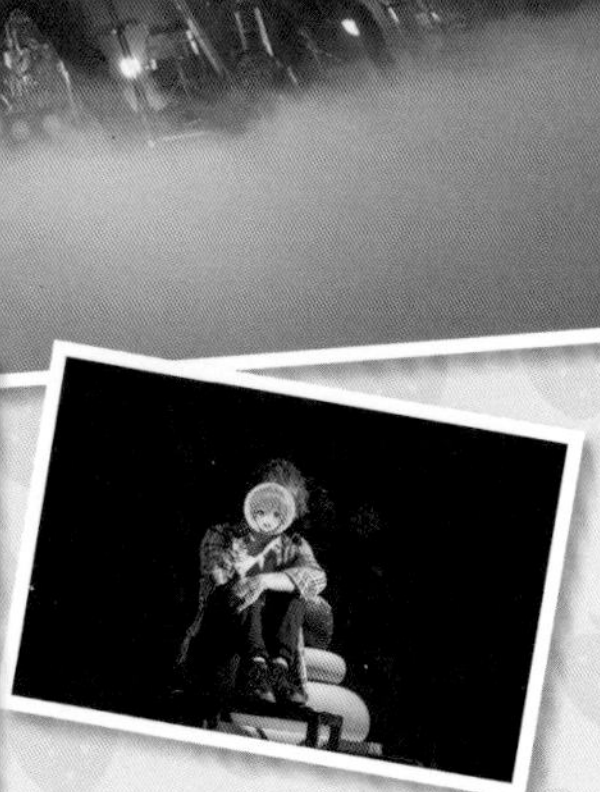

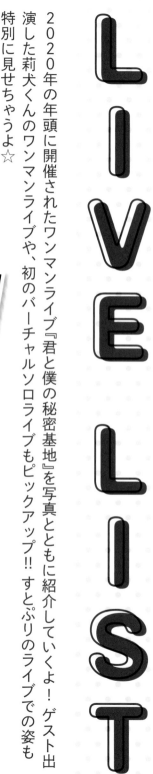

CHAPTER 03

LIVE LIST

恒例のマニピュレーターさんいじりでは「好き」「まだまだいけるよなぁ〜！」の音声が流れたよ♥

※マニピュレーター
ライブステージで音を調整する大事なお仕事

セットリスト

01. 君はいつも 100 点満点！
02. ヒロインと生徒B
03. &you
04. Citrus fruits
05. 十三年彗星
06. 行け！僕らのスクールフロント！（with 莉犬）
07. すとろべりーごーらんどっ（with 莉犬）
08. むしがむり（アコギ弾き語り）
09. 君と僕のストーリー（アコギ弾き語り）
10. 拝啓、不平等な神様へ
11. Justified
12. 〜スペシャルメドレー〜
    この想いを歌に
    コンパス
    クローバー
    あの夏に陽を点けて
13. 君と僕の秘密基地

アンコール

14. Good day

莉犬 わん！マンツアー すたーとらいふっ！

2019年の夏に開催された莉犬くんのワンマンツアーでは、初日の東京会場のゲストとしてるぅとくんが登場したんだ。『ちこくしてもいいじゃん』と『すとろベリーごーらんどっ』の2曲を披露したよ♪

開演日　2019年8月2日（金）

開演時間　17時

会場　Zepp Tokyo（東京）

るぅと 2nd EP『忘れ愛』リリース記念バーチャルライブ

#ばーちゃるるぅと

2nd EP『忘れ愛』のリリースに合わせて、るぅとくん初のバーチャルライブが開催されたよ。トークを交えながら8曲を披露。バーチャルでのアコギ弾き語りコーナーもあったんだ！

開演日　2021年8月14日（土）

開演時間　19時

※オンライン配信

セットリスト

01. クロマト
02. アイディー
03. クローバー
04. 苺色夏花火
05. むしがむり（アコギ弾き語り）
06. 君と僕のストーリー（アコギ弾き語り）
07. 忘れ愛
08. Good Day

CHAPTER **03**

LIVE LIST

すとぷりでの
るぅとくんも
最高！

すとぷりライブの るぅとくんもお届け!!

信号機組だよ♪

るぅりーぬ♡

LIVE GOODS LIST

ワンマンライブ『君と僕の秘密基地』で販売されたオリジナルグッズを紹介するよ♪

ワンマンライブ 君と僕の秘密基地 グッズリスト

当たり付きグッズの当たりは
るぅとくんの直筆サイン入り！

A4クリアファイルくじ（全7種）
1個600円
※ランダム商品
※当たり付きグッズ

缶バッジくじ（全5種）
1個400円
※ランダム商品
※当たり付きグッズ

アクリルキーホルダー A／B
各800円

いちご絵馬（るぅと）
500円

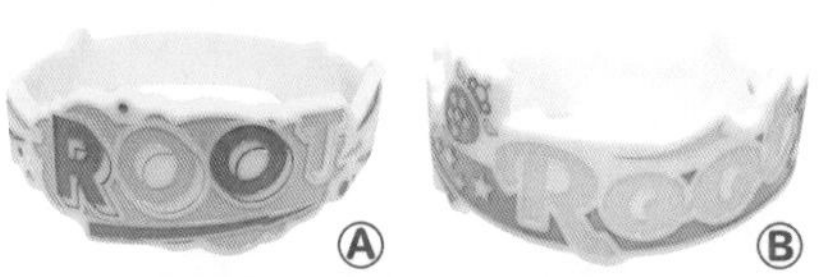

シリコンバンド A／B
各600円

マフラータオル
1600円

すとぷりハンドタオル！（るぅと）
700円

ポストカード（おみくじ付き）
300円

※発売時の価格を表記しています
※現在は販売しておりません

CHAPTER 04
CHARACTER

GALLERY

VIDEO

るぅとギャラリー

「いろんなボクをどうぞ！」シリーズ

「かわいいは正義」、るぅとくんのイラストギャラリー！
制服、コスプレ、ステージ衣装……たくさんのイラストレーターさんが描く
天使の姿をご堪能ください♡

2019 秋ver.

制服ギャラリー

制服
大好き♡

【MV】マブシガリヤ

『すとろべりーすたーと』
ジャケット

2018 冬ver.

2020 秋ver.

2019 冬ver.

2018 冬ver.

『すとろべりーめもりー vol.5』
表紙

2020 春ver.

すとぷり 6 兄弟

『すとろべりーめもりー vol.4』
表紙

いろいろな
衣装きれて
うれしい♡

season’s style

春夏秋冬……
いろんなるぅとくんが楽しめちゃう！
スーツも浴衣もサンタもかわいいのです♡

【MV】Strawberry Nightmare

2021 夏 浴衣ver.

2019 夏 甚平ver.

ワンマンライブ
『君と僕の秘密基地』

2020 夏 マリンver.

2019 バレンタインver.

『すとろべりーめもりー vol.2』
表紙

『すとろべりーめもりー vol.6』
表紙

2021 夏ver.

2019 夏 いちごまりんver.

ステージの上の尊いお姿をイラストで華麗に表現！
王子様衣装、ほんとうに似合ってる～♡

2019 夏ver.

ファンサ
しちゃうぞ！

まだまだいけるよな～！

2020 東京ドーム

【MV】Prince

2020 春ver.

2021 New Year
トランプver.

2020 秋ver.

2021 春ver.

2020 春ver.

CHAPTER
04 VIDEO

動画に登場している、
るぅとくんも紹介していくよ！

【アニメ】
すとぷりが6兄弟だったら？
総集編が草WWWWWWW

末っ子

すとぷり公式YouTubeチャンネルで大人気の動画シリーズ「アニメ６兄弟」シリーズ。るぅとくんはかわいい（そしてときには凶暴な）末っ子として登場しているよ。神的なかわいさで長男を味方につけ、なぜかジェル兄、ころん兄には破壊的……。そんな末っ子・るぅとくんの活躍は、公式チャンネルをチェックしてね。新作も随時UP中！

バーチャルるぅとくん

ほかのめんばーよりひと足遅く大トリ(!?)として、2021年3月29日、『すとろべりーめもりー in バーチャル！』の開催に向けた記者発表会で初お目見えしたバーチャルるぅとくん！すとぷりは同年４月３日、8月28日と、世界に向けてバーチャルライブを実現させたんだよね。２度目のライブでは新衣装も発表されて、るぅとくんはすごく似合っていて、まさに「いちごの王子様」だったよ！

【ライブ】
すとろべりーめもりー in バーチャル！
【すとぷり 3D ライブ生配信】

【ライブ】
すとろべりーめもりー in バーチャル！ Vol.2!!
【すとぷり 3D ライブ生配信】

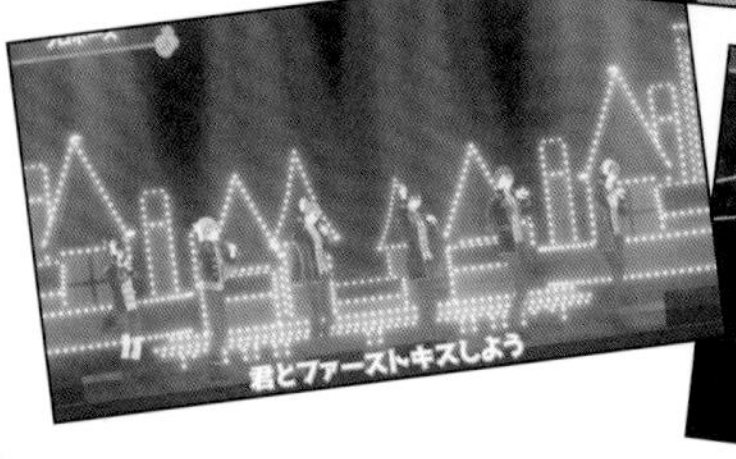

CHAPTER 05
MESSAGE

初めて『やってみたい』という気持ちで、前に進めたのがいまの活動でした

『るぅとめもりー』を最後まで読んでくれてありがとう！

いつも声を上げて応援してくれる君に、あらためてボクからお手紙を書きます。

ちょっと照れくさいけど……最後まで読んでくれるとすごくうれしいです。


ボクがいまの動画配信の活動を始めたのは、高校生のころ。もう6年も経っているのです！

長い……！

よく「活動を始めたきっかけは？」っていう質問をりすなーさんからもらうんだけど、最初のきっかけは「歌ってみた」で活動している歌い手さんの動画を見たこと。

すっごく楽しそうで、キラキラしてて……。

「ボクもやってみたい!!!」と思った。

「ライブをやってみたい！」とか「CDをリリースしてみたい！」とか、そんな大きな目標があった訳では全然なくて……。

「とにかくやってみたい！」「楽しそう！」……という気持ちでスタートしました。


でも、当時のボクにとって「やってみたい」という気持ちは、とても大きなことだったのです。

学生のころのボクは、なるべくほかの人に嫌われないように、ほかの人によく思われるように……。

周りに気を使って、自分のやりたいことや、自分の意思をなかなか伝えられずにいました。

本当にやりたいことができずにいる自分が嫌いだったけれど、

どうしても一歩踏み出せなくて……。

でも、そんな自分が初めて「やってみたい」という気持ちで、前に進めたのがいまの活動でした。

最初は、活動をするための知識もないし……。

機材なんて、もちろん持ってもいなかったから、バイトをして、お金を貯めるところからのスタートでした(笑)。

やっと機材を買えたものの、今度は、どうしたら「歌ってみた動画」をもっと素敵なものにできるのか……と、録音やミックス、エンコードなどなど、音楽について調べたり、勉強したりする日々。

実は機材を買ってから、初めて動画を投稿するまで、数カ月かかりました。長かった……。

いまでこそ動画を投稿したら、みんながたくさんのコメントをくれるけれど、

初めて投稿した動画には、コメントが2個しかつかなかったんです。

でも、すごくうれしかったのを、いまも覚えています。

それから動画を投稿していくうちに、「こんなによろこんでもらえるなら、自分で楽曲を作って、自分の想いを言葉に乗せて、いつかオリジナル曲として届けたい！」という目標ができました。

音楽に想いを乗せて、多くの人にいろいろなかたちで、ボクの想いを届けたい！

そして音楽の専門学校に進学して、いろんなことを勉強していく中で、それまで自分ができなかったことが、ドンドンできるようになって、楽曲として、みんなに届けられるようになって……。

こうして活動のことを思い返すと、自分のことだけでも、いろんなことがありすぎてページが足りなくなっちゃう（笑）！

自分のことだけじゃなく、すとぷりとしての活動もあるからね……。

これはまた、ボクの口から放送で一緒に振り返らせてください！

初めての「やってみたい」から始まって、活動の中でいろんな「初めて」を経験して、たくさんの人に支えられて、たくさんの声をもらってりすなーさんに、

……。

少しずつだけど、周りを気にせずに、ありのままの自分でいられるようになりました。

そのどれもが、いまのありのままのボクを見つ

けてくれて、好きになってくれた君のおかげです。

いまのボクがいちばんやりたいこと、
それは……。
音楽に想いを乗せて、多くの人にいろいろなかたちで、ボクの想いを届けることです。
いつか、ボクやすとぷりのことを全然知らない人にも届くぐらい、魅力の詰まった楽曲を作ることが夢でもあります！

あまり直接言葉にするのが得意じゃないボクの想いが、「音楽」を通して、少しでも君に届いていたら、ボクはすごくうれしいです。

偶然、ボクを知ってくれて、
興味を持ってくれて、好きになってくれて、受けとってくれて……。
いまの活動って、そういう奇跡がいくつも重なって、できているものだと思っています。

だからボクはこれからも、君に全力で音楽を届け続けるよ！

絶対に退屈はさせないから、これからもそばにいてほしい

いつもありがとう。
そして！
『るぅとめもりー』を受けとってくれてありがとう！
もう、ありがとうがいっぱいで、これでも足りないくらい……。
少しでもボクの想いが、この『るぅとめもりー』から届いてくれたらうれしいです。

これから先も、いろいろなことがあると思うんだよね。楽しいことも、つらいことも、たくさんあると思うけど……。
君がいれば、すべてが大切な思い出になって、宝物になる。

絶対に退屈はさせないから、これからもそばにいてほしい。
大好きな君が、ずっと笑顔でいられるように！
ボクのことを、胸を張って「好き」と言えるように！

これからの活動も、いろいろなかたちでたくさん届け続けるよ！
いつもそばにいてくれて、本当にありがとう。
初めてのボクの本、どうだったかな……？
楽しんでくれたかな……？
感想も、いっぱい待ってるね!!!

大好きな君に、
ボクの想いが
届きますように。

るぅとめもりー

2021年10月25日　初版発行

STPR BOOKS
企画・プロデュース　ななもり。

著者　るぅと × ななもり。

Special Thanks　大好きな君

編集　株式会社ブリンドール

デザイン　アップライン株式会社

印刷・製本　大日本印刷株式会社

発行　STPR BOOKS

発売　株式会社リットーミュージック
〒101-0051 東京都千代田区神田神保町一丁目105番地

[乱丁・落丁などのお問い合わせ先]
リットーミュージック販売管理窓口
TEL：03-6837-5017／FAX：03-6837-5023
service@rittor-music.co.jp
受付時間／10:00 - 12:00、13:00 - 17:30（土日、祝祭日、年末年始の休業日を除く）

[書店様・販売会社様からのご注文受付]
リットーミュージック受注センター
TEL：048-424-2293／FAX：048-424-2299

※本書は新型コロナウイルス感染症（COVID-19）拡大防止のため、政府の基本方針に基づき、著者・スタッフの健康面、安全面を考慮し、感染リスクを回避するための対策につとめて制作しております。

※本体価格は裏表紙に表示しています。

Printed in Japan
ISBN978-4-8456-3690-7
C0095　¥2000E